MINGJIA
SHEJI
XINFENGSHANG

清新自然风

NATURAL STYLE

李江军　编

U0352654

中国电力出版社
CHINA ELECTRIC POWER PRESS

内容提要

本书为清新自然风格家居实景案例，每个案例带有彩色户型图、案例资料、案例说明以及设计亮点详解。多样的设计方法和功能细分的形式满足了读图时代的阅读习惯，专业实用的简短文字贴士更容易帮助读者应用和理解。

图书在版编目（CIP）数据

名家设计新风尚. 清新自然风 / 李江军编. —北京:
中国电力出版社，2012.12
 ISBN 978-7-5123-3850-0

Ⅰ. ①名… Ⅱ. ①李… Ⅲ. ①住宅－室内装饰设计－
图集 Ⅳ. ①TU241－64

中国版本图书馆CIP数据核字（2012）第297893号

中国电力出版社出版发行
北京市东城区北京站西街19号　　100005　　http://www.cepp.sgcc.com.cn
责任编辑：曹　巍
责任校对：闫秀英　责任印制：蔺义舟
北京盛通印刷股份有限公司印刷·各地新华书店经售
2013年1月第1版·第1次印刷
700mm×1000mm　1/12·10.5印张·220千字
定价：32.00元

目录

伊甸园

:: 建筑面积 / 245平方米
:: 装修主材 / 仿古砖、墙纸、复古地板
:: 设计公司 / 上海1917设计

案例说明

一层平面图

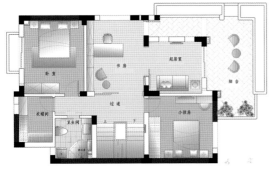

二层平面图

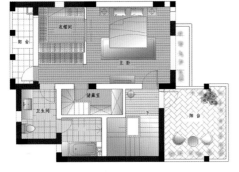

三层平面图

业主除了喜欢欧美时尚色系的搭配，同时加入了新中式的局部处理，主要体现在挂画以及部分小饰品的运用上。业主是做服装设计工作的，所以对色彩接受度较强。大量灰色、绿色、蓝色与外贸家具搭配得十分和谐。设计师在一楼公共活动空间的处理上，尽可能地扩大空间的通透性，使其在不影响使用功能的前提下，在视觉上更显宽敞。二层主要功能有书房和活动室、父母房以及朝北的女儿房，主卧被安排在三楼，设计上充分尊重了空间的私密性。

设计细节

▶ 厨房移门兼隔断墙

仿古砖拼花的地面与石膏板吊顶造型做了很好的呼应，窗帘起到地砖与吊顶之间颜色的过渡作用，使空间颜色避免单一、乏味。厨房移门处理也很巧妙，平时敞开增加通透感，烹饪时可以隔断油烟，可谓一举两得。

设计细节

▶ 吧台增加厨房的休闲功能

利用厨房操作台的延伸形成一个吧台区域，增加了休闲功能。人造石台面的下方做成开放式的收纳柜，方便存放一些日用的餐具。常用吧椅的座面离地尺寸在650～900毫米，要注意在选购时要把材质、尺寸、风格、预算等都考虑进去。

▶ 实木楼梯凸显生活品位

木质楼梯踏步板，一定要选择实木指接或者实木多层复合板，经过指接处理的踏步板，不易变形开裂，经久耐用。有些资金不是很充足的业主，让木工用杉木、松木等低档材质手工制作，现场油漆，结果没用多久就出现开裂掉漆等现象，装修中绝对要避免这类情况。

设计师/非空

猫的乐园

:: 建筑面积 / 110平方米
:: 装修主材 / 仿古砖、仿古地板、墙绘、彩色乳胶漆

案例说明

一层平面图

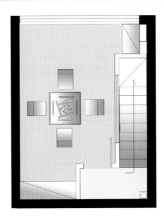

二层平面图

本案地中海风格的元素推陈出新，各种色彩融洽美妙地搭配到一起，突破了蓝色地中海的单调与乏味，各种小饰品的灵活运用，表现了一个充满幸福和欢乐的乐园。设计师对原始结构改动很大，改变了沙发与电视通常的朝向，通过半隔断的电视背景墙，既起到空间分割的作用，又缓解了客厅、餐厅空间狭长的弊端。卫生间改成干湿分区的做法，很自然地沟通了各个空间的连接性。卧室采用套间处理，舍弃了内卫的功能性，改为更加实用的衣帽间。

缤纷的彩色系客厅

客厅可以说是完全用色彩来设计，没有吊顶，没有墙面造型，只是用色彩来形成层次。桃红色乳胶漆墙面和明黄色的沙发相对比，两边睡塌的蓝色条纹、墙面的粉色圆环墙绘起到了很自然的过渡作用；地面还是采用单色仿古砖不会使空间显得杂乱。

▶ 电脑桌与凸窗一体

将电脑桌与凸窗合为一体，是节省空间的理想做法。这里位置宽敞，甚至可以两三个人一起用电脑。书桌上定制的书柜，既可放书也可贴上一家人的幸福照片，待在书房里真是其乐无穷。

楼梯下方的位置改造成储物空间

这是餐厅背后的楼梯道。设计师充分利用了楼梯下方的位置，制作了几个大小不一的储物空间。把看不到的地方都用来储物以节省空间，看得到的地方则是保留下来成为休憩、玩乐的场所。

▶ **多个造型和七彩的灯光设计呈现出动人的美感**

吊顶造型看似很随意，实际上每个造型的圆角都有呼应，比例大小也正合适，为避免颜色过多、造型过多造成的视觉杂乱，设计师在地面选择了单一颜色的深色仿古砖，有效地平衡了视觉感受。

圣托里尼假日

设计师/肖为民

:: 建筑面积 / 120平方米
:: 装修主材 / 仿古砖、文化砖、马赛克、水曲柳饰面、水曲柳实木、麻质面料
:: 设计公司 / 南京宇泽设计工作室

🏠 案例说明

平面图

本案让人感受到自由闲散的生活氛围，体现了宁静致远的生活状态。那蓝与白的纯净结合自然而宽容，那布满岁月印迹的餐桌与文化砖墙演泽质朴自然的情怀，使心灵在不受羁绊、粗犷的环境中舒张细润、随心交谈。古朴的木栅、柔美的拱形门窗、独特的铁艺灯及家具都原汁原味地勾画出地中海的迷人风情。让惬意在生活中畅快流淌。电视墙顶上的波浪形装饰犹如船帆舞动正准备扬帆启航，借着暖阳驶入永恒与唯美的幸福方向。

🏠 设计细节

▶ 投影幕布隐藏在弧形挂落后面

电视背景墙上的弧形挂落，是地中海风格的标志性元素，设计师在点明主题的同时又把投影幕布巧妙地隐藏在后面，设计精巧。砖砌地台取代电视柜，小方砖贴面的处理方式更显空间感，而且有一些DIY的拙朴味道。

▶ 原木色做旧的餐椅显得拙朴自然

整个空间颜色搭配清新雅致，原木色做旧的餐桌椅给空间带来一些稳重，平衡了蓝白色的单调，同时也显得拙朴自然，贴合主题风格。厨房移门上的假椽头，既增添了空间的趣味性又起到了从立面蓝色到吊灯的颜色过渡。

阳光天际

:: 建筑面积 / 280平方米
:: 装修主材 / 墙纸、仿古砖、实木地板
:: 设计公司 / 上海1917设计

案例说明

　　别墅的设计最大的特点是功能区比较多，所以空间利用率在其次，美观性才是最主要的。设计师根据业主的需求，采用共用以及套间的模式来设计。一楼没有做太大改动，在保持功能性完整的前提下做大空间；二楼做了一些改动，设置了两个主功能区（卧室），其他的所有空间全部设计成辅助功能区；三楼完全做了一个套间，增加业主的私密性。

设计细节

▶ 平直的石膏线条与吊顶造型相呼应

本案围绕大气稳重、清新雅致这一主线，在沙发背景造型上没有做太复杂的构思，平直的石膏板线条既在视觉上延伸了客厅高度，又与吊顶造型相呼应。为避免颜色上的单调，设计师使用深色茶几、窗帘增加颜色上的对比与空间稳定性。

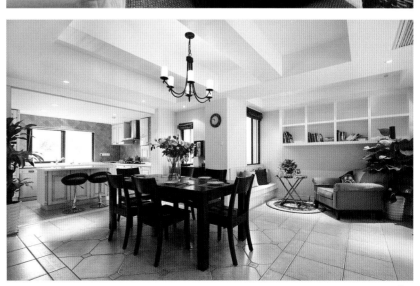

▶

中性色地板起到自然过渡的作用

楼梯设计简洁，线条明朗。白色栏杆分
色明显，与深色扶手、踏步对比强烈。
中性色地板起到自然的过渡作用，因走
道到房间地板纵铺距离过长，为预留足
够伸缩空间在门槛自然断开，压条下留
伸缩空间，避免日后地板因冷热不均起
拱变形。

混搭时空

:: 建筑面积 / 290平方米
:: 装修主材 / 墙纸、马赛克、仿古砖、仿古实木地板
:: 设计公司 / 福州宽北设计机构

设计师/木水

案例说明

一层平面图

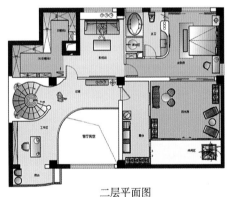

二层平面图

设计师对平面布局的改动比较大，采用弧形和空间共享的方式提升建筑的空间感。一楼最大的难度在于客厅的布局，设计师采用弧形的隔断与楼梯相结合，很巧妙地分割了空间区域。厨房做成敞开式的，并且餐厅和厨房采用共享的方式，使空间更具通透性和美观性。二楼区域预留为主人的私密空间，套间内有卧室、卫生间、起居室、衣帽间等，外部区域有开放式的书房、洗衣房、阳光房和露台等，功能分配到位。

设计细节

▶ 客厅以弧形为设计主题

一楼客厅的区域，设计师可谓是把弧形利用到了极致，围绕弧形的楼梯向其他地方延伸。石膏板吊顶基本上看不到直角的造型，客厅与餐厅、厨房之间采用了弧形的地面抬高，使空间过渡自然的同时也更具层次感。

▶ 砖砌洗手台搭配木质台盆柜

砖砌洗手台上的瓷砖图案仿佛一幅立体装饰画，台面下方做了一个百叶门台盆柜，底部挑空可以防止潮气侵入导致变形。这里需要注意的是，应根据空间大小确定洗手台的宽度和高度。一般来说，台面的高度在65厘米，宽度在50厘米以内。

南普罗旺斯向北

:: 建筑面积 / 220平方米
:: 装修主材 / 文化石、仿古砖、马赛克、彩色乳胶漆

 案例说明

一层平面图

二层平面图

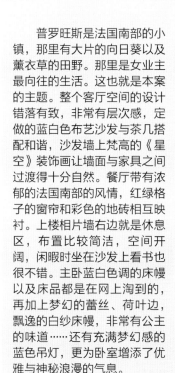

普罗旺斯是法国南部的小镇，那里有大片的向日葵以及薰衣草的田野。那里是女业主最向往的生活。这也就是本案的主题。整个客厅空间的设计错落有致，非常有层次感，定做的蓝白色布艺沙发与茶几搭配和谐，沙发墙上梵高的《星空》装饰画让墙面与家具之间过渡得十分自然。餐厅带有浓郁的法国南部的风情，红绿格子的窗帘和彩色的地砖相互映衬。上楼相片墙右边就是休息区，布置比较简洁，空间开阔，闲暇时坐在沙发上看书也很不错。主卧蓝白色调的床幔以及床品都是在网上淘到的，再加上梦幻的蕾丝、荷叶边、飘逸的白纱床幔，非常有公主的味道……还有充满梦幻感的蓝色吊灯，更为卧室增添了优雅与神秘浪漫的气息。

设计细节

▶ **楼梯踏步的延伸拓展空间感**

大弧度的楼梯造型给人一种舒缓、拓宽空间的感觉，门、窗户及现场制作家具做旧的面漆能很好地融入到设计师营造的自然、质朴的空间中。在规划复式空间的时候，特别需要注意楼梯的位置、走向及净高要求。

🏠 **设计细节**

▶

镂空造型的护栏十分具有灵动感

用墙面的镂空造型来做楼梯护栏，显得十分具有灵动感。蓝色踏步与白色墙面让人联想到蓝天与白云般的纯净之美。需要注意的是，楼梯设计一定要重视安全性，如果家里有小孩，那么镂空造型部分的尺寸就不宜太大，否则护栏就起不到保护的作用。

▶ 干湿分区要合理

二楼公卫的干区设计在卫生间和儿童房之间的墙体夹角处，这样湿区的可利用空间更大。蓝白色马赛克铺贴的下部墙面、台盆与做旧的房门形成呼应。这里需要注意洗漱用品、毛巾等必需品的摆放问题，否则会给使用带来不便。

设计师/郑鸿

红韵悠长

:: 建筑面积 / 260平方米
:: 装修主材 / 墙纸、大花白大理石

案例说明

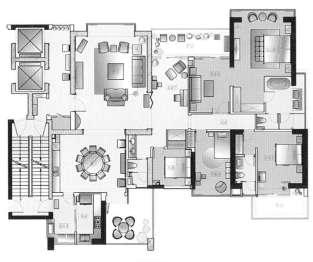

平面图

　　在本案中，设计师最别出心裁之处莫过于对红色的运用。其实红色在空间中的运用必须十分谨慎，因为过多红色往往容易造成视觉疲劳。怎样让红色贯穿到整套房子而又恰如其分，值得推敲。在户型上，设计师更改了部分空间结构，将中厨和西厨分开，把西厨和餐厅相结合，使得餐厅更加气派。过道处利用客房的部分空间做出了一个杂物间，并与客房和儿童房的衣柜紧靠在一起，没有丝毫浪费空间，非常实用。主卧室改造成套间，增加了主卧的起居室、更衣间、卫生间等功能，使家居生活更加流畅和舒适。

▶ **避免顶面灯带与空调造成能耗的损失**

主卧室使用中央空调制冷，吊顶上增加了灯带的效果，柔和的灯光比较适合卧室的氛围，但同时需要注意的是，如果选择使用灯带进行照明，中央空调最好采用下出下回的出风方式，以避免灯带对空调出风口造成能耗的损失。

卫生间安装落地玻璃营造浪漫气氛

由于主卫只供夫妻两人使用，所以设计师为了营造浪漫的气氛，用了落地玻璃的形式进行处理。红色的卫生间墙面透过玻璃，仿佛蒙上了一层神秘的纱帘。卫生间在使用落地玻璃时，首先要注意卫生间内部与地板之间需要有高低差，一般控制在卫生间略低3～5厘米；其次，落地玻璃不能直接安装于铺贴的瓷砖上，需要用过门石埋在瓷砖下做过渡，防止卫生间的水倒流至房间。最后，安装玻璃的过门石上最好预先留槽，以便后期直接镶嵌玻璃，整齐美观。

卫生间墙面采用墙砖与乳胶漆两种材质装饰

与传统的设计手法不同的是，此处卫生间的墙砖只贴至1.3米的高度，除淋浴房以外，其他区域的上半部分都用乳胶漆饰面，减少了卫生间阴冷的感觉，更显温馨与舒适。但施工时应用防水乳胶漆涂刷，防止过多的湿气导致墙面霉变。

设计师/杨友磊

新城市主张

:: 建筑面积 / 140平方米
:: 装修主材 / 仿古砖、饰面板、墙纸、实木线条
:: 设计公司 / 艾尚室内设计事务所

案例说明

在浮躁的现实生活中，拥有一片宁静而自然的天空，是最美不过的事情。设计师尊重了原建筑良好的采光性，硬装多采用了浅亮的色调，哑光白的家具、奶咖色涂料与米色系墙纸都把清新自然满满地放进了室内。本案并没有在平面功能上做太大的改动，只是舍弃了其中一个卫生间，将其改造成了开放式书房，让这套公寓实际上拥有了四居室的功能。

平面图

设计细节

◉ 玄关鲜艳的壁画令人心情愉悦

入户玄关的设计非常重要，不必做出很繁琐的造型，能点亮整个空间的主题即可，如一幅色彩鲜艳的壁画，瞬时注入普罗旺斯的明媚阳光，让劳累一天的城市生活瞬间松弛下来。设计师还在边角安装了一把精巧的折叠凳，这样进门换鞋坐上去会非常方便、舒服。如果把顶面检修口和墙面插座的位置留到更隐蔽的地方，整个视觉效果会更加完美。

▶

餐厅悬挂电视的高度有讲究

现场制作的矮凳和成品餐桌搭配，既节省了空间又很好地将餐桌与整体融合在一起。有人习惯在就餐的时候看电视，要注意电视的悬挂高度不宜过高，一般坐着看电视的视线高度在1.2米左右，太高的话会伤害颈椎。

▶ 卫生间改造成开放式书房

书房由卫生间改造，且放在外卫的门口，应在设计之初重点考虑两个问题：一个是流动性过大，进出卫生间的人应尽量减少对学习或看书的人的干扰；二是避免原卫生间排污管道产生的噪声对书房区域造成的干扰。

心灵的净土

:: 建筑面积 / 99平方米
:: 装修主材 / 仿古砖、马赛克、饰面板
:: 设计公司 / 南京传古设计

案例说明

平面图

本案把握地中海风格建筑的特色，利用拱门与半拱门连接或以垂直交接的方式，将整体起居室增加了延伸般的透视感。这些随处可见的浑圆造型，表现的是一种浑然天成的自然感。本案的平面功能布置改动很大，设计师把厨房打通，做成了开放式，卫生间及主卧走道也被纳入到客厅空间，这样整个厅更加连贯、通畅。同时设计师巧妙地利用客卧的单面墙做了装饰矮柜，增加了储藏空间，矮柜上的铁艺装饰也迎合主题，使空间更通透灵动。

▶

深色饰面板与明黄色涂料的和谐搭配

餐厅背景墙采用深色木饰面板与明黄色涂料搭配相得益彰，深色木饰面板使空间显得沉稳，为不让人感到压抑，配上明黄色涂料提亮深色面板的色彩，同时也让整个空间显得温馨明亮。马赛克、花格的运用提升了客厅的趣味性和通透性，但需要注意的是，马赛克拼贴边角的收口与定制花格的尺寸要与现场尺寸吻合。

▶ **铁艺花窗增加空间通透性**

餐厅与客卧之间的铁艺花窗，增加空间的通透性与衔接性，但需要注意卧室还是应保持自身的私密性，可以考虑在背面安装窗帘，有客人休息的时候可放下遮挡。此外，在设计初期或安装吊灯的时候尽量做到精准，吊灯的中心要与餐桌的中心保持一致。

清风拂面

:: 建筑面积 / 130平方米
:: 装修主材 / 仿古砖、大理石、马赛克、进口墙纸
:: 设计公司 / 苏州大斌空间设计事务所

设计师/大斌

案例说明

平面图

设计细节

壁炉造型与装饰壁龛相互呼应

白色的假壁炉与旁边零碎分布的小壁龛在造型上相互呼应，丰富了整面电视墙的层次感，蓝色搁板的加入给客厅带来清凉元素。这里要注意做这种超过1米的超长搁板的时候，建议用双层细木工板制作，这样可以有效避免长期使用后造成搁板中间部分向下弯曲的情况。

　　本案整体上为美式混搭地中海风格，美式的舒适、自然、粗犷与地中海的浪漫、温馨、岁月感碰撞出特殊的气质。细节上通过设计师精心调整其功能布局，使整个空间的储藏功能通过装饰性的外观让内容更强大。比如入户玄关、鞋柜与古铜铁艺的结合形成屏风，令正在弹钢琴的孩子更专注于优美的旋律。透过铁艺造型，明媚可人的客厅隐约可见。餐厅北面的飘窗台改造成半高的装饰柜，台面上摆放一些盆栽植物美化空间，下面的柜子用来放置餐具等。大女儿房南面的小阳台做成榻榻米的形式，坐在上面聊天或半躺着读一本喜爱的书，惬意无限。小女儿的房间利用其飘窗的深度延伸20厘米制作书桌和书架，书架上摆放了许多小公主的宝贝，乐在其中，明媚如花。

▶ **飘窗台选择大理石铺贴台面**

主卧的飘窗台选择大理石铺贴台面，既不怕潮，也不会变形，常用的花色有3~4种。但大理石台面的缺点是在冬天会比较冷，如果喜欢在飘窗台上小憩的话就一定要放张毯子垫一下。

▶ **飘窗上方安灯宜注意安全性**

儿童家具的边角不宜过尖锐，圆润的边角能较好地降低磕碰的伤害。设计师巧妙利用飘窗做收纳柜，增加儿童玩具及杂物的储藏空间。需要注意的是飘窗的本身高度有限，飘窗上方安装吸顶灯的话应考虑到人站立时的安全性。

▶ 马桶与台盆宜保持合适的距离

同样的瓷砖经设计师精心设计可出现不同的效果，本案瓷砖铺贴方式多样但又不显凌乱，迎合室内多彩的主题；镜前灯造型简洁，光线柔和，达到了实用与美观的要求。需要注意的重点是马桶与台盆之间的距离是否会造成如厕时的不便，可考虑通过墙排马桶移动坑位或把紧贴马桶的台面做窄，整体台盆造型上做一些变化来改变现状。

异域风情

:: 建筑面积 / 110平方米
:: 装修主材 / 铁艺、仿古砖、彩色乳胶漆
:: 设计公司 / 苏州大旗室内设计

案例说明

平面图

　　在这套房子的整体规划中，原有的门厅和餐厅是有墙体和窗户分隔开的，导致餐厅空间较小，同时门厅的格局又比较浪费，空间上分布比较零散。结合实际需要，设计师打通了隔墙，更进一步彰显空间和功能。大厨房和吧台让人使用时感到惬意，独立的衣帽间解决了收纳的烦恼。宽敞的书房在忙碌的生活中，找到一丝属于自己的宁静氛围。简洁的壁炉既是装饰，又是实用的电视柜背景。墙面的线条轮廓表现出空间的张力。一切的设计手法和笔触，都彰显出异域风情的独特魅力。

石膏板几何造型的电视背景独具个性

电视墙上的几何造型简洁大方，比例合理，并且兼具收纳展示的功能。家具、饰品与墙面的颜色搭配比较出彩。这里需要注意的是，电视机上方的吊顶宽度与石膏板造型凸出墙面的尺寸应保持一致。

深色实木家具给餐厅带来厚重感

色彩对比强烈且过渡自然，白色石膏线搭配草青色乳胶漆显得清新雅致，深色的实木家具也给整个空间带来一些厚重感。这里需要注意的是餐桌的合适高度在72厘米左右，一般餐椅的高度为45厘米较为舒适。目前市场上餐椅的高度有些差别，挑选时最好先试坐一下，看看是否与餐桌的高度合适。

铁艺隔断丰富过道的装饰性

铁艺隔断具有质朴自然与刚柔合一的特点，与深色墙面形成鲜明的对比。需要注意的是虽然铁艺隔断非常坚硬，但在安装、使用过程中也应避免磕碰。这是因为一旦破坏了表面的防锈漆，铁艺很容易生锈。

设计师/李红

守望幸福

:: 建筑面积 / 90平方米+90平方米地下室
:: 装修主材 / 地暖专用地板、墙纸、乳胶漆、水曲柳饰面板、哑光砖
:: 设计公司 / 杭州东仓美社装饰设计

案例说明

地下层平面图

一层平面图

设计细节

▶ **砖砌的落地台面为投影幕布留出足够空间**

客厅整体简洁大方，设计师把电视柜做成了砖砌的落地台面，为投影幕布的下方留足了空间，比例上也会更谐调。现在越来越多的家庭选择投影设备，这里需要注意的是，安装悬挂式投影仪一般不能再在正对其投影方向安装吊灯，否则有可能会遮挡投影投射范围。

　　本案为上下两层同面积的户型，常住人口为一家三口，业主为一对年轻夫妇，从事外贸行业，思想前卫，品位高雅，儿子才1岁，非常可爱。结构改动上，设计师在不影响生活使用的前提下，打造了大量的储藏空间，并且还整合出一个不带淋浴房的主卫。客厅和书吧放了地下室，由于地下室的采光非常好，也满足了宝宝的活动空间，因此不受影响。在设计风格定位上，汲取了美式风格中的经典元素，既不过分张扬，又恰到好处地把业主的品位体现在各个角落。

墙纸与白色百叶窗及花格相互映衬

绿色系墙纸与做旧的白色百叶窗、白色花格相映衬，颜色对比强烈，干净清爽。地台也很自然地连接过来，保持了造型的整体性与连贯性。这里需要注意的是，百叶窗的边角宜尽量做圆弧处理，防止磕碰的发生。

▶ 两盏吊灯起到过渡衔接的作用

从楼下到楼上，家具的样式、用材也很别致应景，餐厅的大吊灯和楼梯的小吊灯起到了过渡衔接的作用。这里需要注意的是，兼做楼梯扶手与餐台的矮台面上不要放置过多、过重的物品，防止碰落伤到楼下的人。

设计师/李文彬

纯净爱琴海

:: 建筑面积 / 160平方米
:: 装修主材 / 水曲柳木饰面板、原木、仿古砖
:: 设计公司 / 武汉梵石艺术设计

案例说明

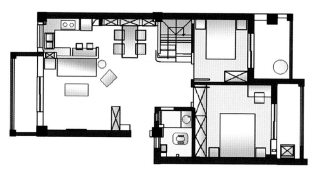

一层平面图

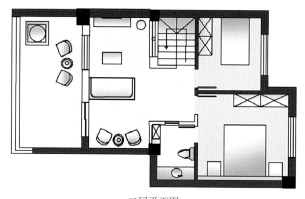

二层平面图

　　本案的业主，已过了而立之年，有自己幸福的家庭，安稳的工作，终于可以大胆地追求自己心中的品质生活。前期沟通时，她十分向往地中海的蔚蓝情怀，纯美且干净。于是在空间上，本案尽量利用原始结构做局部的处理，使得整个空间统一干净。在色彩上，围绕着天空蓝和云朵白两个主色调展开，为避免蓝白的单调，局部涂抹一些鲜艳的色彩来润色。如此一来，一幅精致丰富的画卷慢慢地晕染开来，随着时间的久远渐渐沉淀出最原始的纯净。

▶ 彩色抱枕丰富客厅的色彩层次感

地中海风格的家具追求自然、简洁、舒适，简单的深蓝色布艺沙发压住了白色调的轻飘，多彩的抱枕也增加了客厅的色彩层次感。这里建议地面也可以考虑使用带花边的深色手工仿古砖铺贴，表现出别样的效果。

▶ 白色弧形造型散发浓郁的地中海风情

这是典型的地中海风格的餐厅，楼梯弧角处理得很巧妙，与矮墙衔接自然。所有弧形造型的边角处理圆润，给人一种浑然天成的感觉。这里需要注意的是，吊顶上应避免射灯过多，否则会影响其自然原始的属性。

希腊幽梦

:: 建筑面积 / 160平方米
:: 装修主材 / 仿古砖、马赛克、乳胶漆
:: 设计公司 / 上海瀚高设计

案例说明

平面图

本案的主人是一对非常恩爱的小夫妻，选择舒适与浪漫的地中海风格作为他们新家的设计主题。于是设计师首先确定以蓝白色为主要基调；圆弧形被重复用在室内多个区域，目的是为了更好地做到风格的统一，刷成蓝色的木梁和餐厅处用蓝白色马赛克铺贴的圆形拼花相互呼应，仿佛在向往着蓝白天际的交融。本案的户型改动较小，设计师在保留原建筑结构的基础上，对室内墙体的边角做了一些圆弧处理。

设计细节

▶ **蓝白色马赛克的地面透出清新的地中海气息**

整体造型简单大方，没有太琐碎的装饰，地面分区处理较好。蓝色的装饰木梁、护墙板与蓝白色马赛克铺贴的地面透出清新的地中海气息，这里要注意拼花马赛克因其工艺比较复杂等原因，价格偏高，在选择时要根据自己的预算慎重考虑。

▶ 充分利用原建筑结构设计弧形功能区

设计师充分利用原建筑结构，做了一圈弧形的台面及矮凳，又围绕着中心圆柱做了类似灯塔的造型，点亮主题。这里需要注意台面与窗户的衔接及台面的支撑点，如果跨度过大易变形。矮凳与落地窗之间最好留出一定的距离，为窗帘和打扫卫生的方便性预留空间。

倒叙的时光

:: 建筑面积 / 123平方米
:: 装修主材 / 仿古砖、马赛克、复古地板
:: 设计公司 / 武汉梵石艺术设计

案例说明

平面图

设计师在户型上做了较大改动，将原来独立的餐厅和厨房组合成一个整体来设计，与客厅之间设计了一个通透的玻璃格推拉门。厨房的其中一个角落设计了储物间，避免卫生死角的同时也让空间的功能更加齐全。原来的主卧改成次卧，主卫改成客卫，有效利用了走廊的空间。主卧和书房之间的墙体改造成衣柜和书架，通过柜背隔墙来增加储藏空间。电视背景选用灰蓝色木条进行装饰，在材质和颜色上与门厅走廊的顶面相呼应，卧室的颜色比较统一，米黄色和蓝色的主调营造出一种自然田园的生活气息。

▶ 圆形吊顶区分餐厅和厨房

设计师在造型处理上简洁、随性，一个简单的圆弧吊顶就把厨房与餐厅区分开来，水槽上的辅助光源避免晚上洗刷时光线不足的缺点，这里也可以考虑餐厅的地面做圆形拼花，既与顶面造型相呼应，又可以起到隐形分区的作用。

▶ 多层搁板起到书架的储藏功能

充分利用墙面安装搁架，既节省了空间，又能起到储放书籍的作用。搁板的材质很多，体现着不同的风格。以原木为基材的搁板较常见，另外，还有玻璃、树脂、金属、铁艺、陶瓷和石材等材质。这里要注意安装多层搁板应考虑比例平衡，避免给人压抑和不安全的感觉。

素颜

:: 建筑面积 / 110平方米
:: 装修主材 / 仿古砖、百叶门、铁艺、石膏线条
:: 设计公司 / 上海瀚高设计

案例说明

平面图

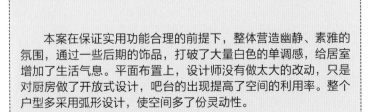

　　本案在保证实用功能合理的前提下，整体营造幽静、素雅的氛围，通过一些后期的饰品，打破了大量白色的单调感，给居室增加了生活气息。平面布置上，设计师没有做太大的改动，只是对厨房做了开放式设计，吧台的出现提高了空间的利用率。整个户型多采用弧形设计，使空间多了份灵动性。

灯光为客厅营造意境和氛围

整个客厅简洁素雅，沙发、茶几的样式慵懒自然，吊灯和壁灯的互相映射让平淡无奇的墙面为之生辉。要注意壁灯的安装高度不能太低，亮度和照明范围不宜过大，这样才能充分创造氛围，更富有艺术感染力。一般安装壁灯的高度应高于沙发50厘米。

▶ 过道设计假梁增加亮点

假梁的设计成为走道一大亮点，原木颜色自然朴实，给素色空间增添一抹亮色。吊灯的造型也很别致应景，铁艺与原木的材质搭配营造返璞归真的感觉。端景的深色摆件很好地压住了浅色空间，带来一些变化。

设计师/黄宇

韵味生活

:: 建筑面积 / 135平方米
:: 装修主材 / 仿古砖、马赛克、饰面板、肌理涂料
:: 设计公司 / 上海鸿鹄设计

案例说明

平面图

喧嚣的城市总是给我们压抑的感觉，家是平静的港湾。在城市中生活、工作的人们总希望在家里得到休憩，希望在家里找到宁静、舒适的感觉。本案的原始户型格局方正，设计师没有做太大的改动，只是根据客厅的实际需要，把两个卫生间的区域都扩大了一些，其中主卫借用卧室的部分空间，增加了浴缸的位置；客卫扩大后增加了一些储藏空间，整体追求清新与舒适的同时也不忘实现家居生活的基本功能。

设计细节

马赛克制作弧形的厨房门套

假梁的造型简单但客厅与餐厅之间又有变化，木饰面板颜色与地面颜色形成很好的呼应，马赛克制作厨房门套新颖别致，又有趣味性。需要特别注意的是，马赛克拼贴之间的收口及弧形拼接的缝隙处理。

▶ 合理安排射灯照明

照明的目的性分配很好，餐厅装饰画、角落绿化和矮柜等细部的射灯照明都安排合理。要注意家里布置射灯时一定要坚持能少就少的原则。很多业主当时觉得漂亮，事实上日后生活中很少有机会打开使用。此外，过多的射灯容易造成安全隐患。这些射灯虽然看似瓦数小，但它们在小小的灯具上积聚热量大，短时间内即产生高温，使用时间一长易引发火灾。

浓木淡彩

:: 建筑面积 / 230平方米
:: 装修主材 / 铁艺、仿古砖、成品雕花板、彩色乳胶漆
:: 设计公司 / 行于天设计公司–石子出品高端工作室

设计师/石小伟
孔魏躲

案例说明

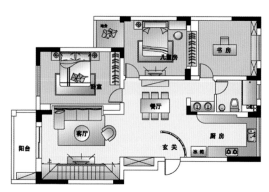

一层平面图

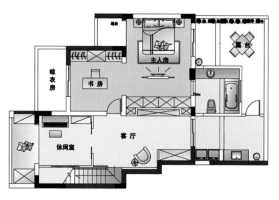

二层平面图

本案用色浓烈大胆，木雕、窗格、家具、铁艺、布艺、陈设都表现出了浓郁的中国文化气息。设计师对整体风格的拿捏、细节的处理、生活情趣的烘托都别具匠心。一楼的平面格局改动不是很大，户型玄关的设计有效遮挡了进门视线，较好地保护了室内的私密性。由于楼梯的位置占用了部分客厅的空间，导致客厅变得狭窄，于是设计师借用了部分卧室的面积，这样既扩大了客厅区域，又为沙发背景提供了做造型的空间。

设计细节

▶ 借用部分卧室空间设计沙发背景

设计师借用部分卧室面积，为营造漂亮规整的沙发背景提供了空间距离，偏中式的造型通过实木雕花板、手工雕刻挂板凸显厚重大气，把东方文化韵味发挥得淋漓尽致。

▶ 对称的门洞造型削弱横向宽度狭窄的尴尬

由于楼梯占用客厅横向空间的原因，增加了客厅区域设计的难度，设计师采用对称的方法，做了两个假的门洞，从视觉上削弱了横向宽度狭窄的尴尬。而背景采用镂空式的铁艺使空间在视觉上又得到一定的延伸。

设计师/陆宏

咖啡般香醇

:: 建筑面积 / 216平方米
:: 装修主材 / 仿古砖、饰面板、墙纸、实木线条
:: 设计公司 / 杭州麦丰装饰设计

案例说明

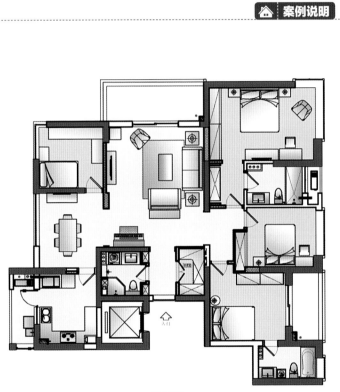

平面图

　　本案设计师基本尊重了原建筑结构，但利用走道结构改造了更多的储藏空间，进门的衣帽间也设计成了一个封闭空间，这样使得整个空间更加整体。主卧的进门部分没有像通常做一个到顶的储物柜，只是放置了一个半高成品柜，这样不至于使空间显得拥挤；整个空间黑白色调运用得恰到好处，方正的造型显得利落大方。

深色木饰面板搭配白色沙发

沙发背景采用了大胆的深色木饰面板，为了不让人感觉压抑，配上白色的沙发，颜色对比强烈；灰色窗帘、复古地板的运用让整个空间颜色过渡自然，沉稳雅致。同时沙发背景上的方格线条与吊顶造型相呼应，整个空间连贯整体。这里需要注意的是家居照明达到使用要求与点亮背景需要即可，多余的光源会造成浪费和光污染。

儿童房的色彩搭配合理

一般儿童房的颜色不宜过重过多，不同颜色会对儿童的心理产生不同的影响，宜尽量采用浅色调、暖色调迎合孩子活泼的天性。此外，家具也是儿童房需要注意的一大事项，儿童房的家具边角宜做圆弧处理，降低磕碰的危险性。

驻留心中的家

:: 建筑面积 / 220平方米
:: 装修主材 / 墙绘、仿古砖、仿古地板、水曲柳木饰面板、彩色乳胶漆
:: 设计公司 / 深圳3米设计

🏠 案例说明

　　设计并不一定要做出很多的造型或者使用很多的材质。好的设计仅仅是协调、融合，把精心挑选的家具、饰品放在合适的地方。纵贯本案，整个设计简洁大方，几乎没有造型，但整体搭配合理，颜色的过渡、对比自然，使一个简洁不失雅致，简单又深含韵味的家呈现在眼前。

🏠 设计细节

▶ 奶咖色电视墙与棕色家具的经典搭配

棕色家具与奶咖色涂料搭配堪称经典，层次分明又雅致。吊顶没做任何造型，符合整体营造的质朴、清雅的氛围。蓝色的装饰瓶与干枝给整个区域带来一抹亮彩，打破呆板，起到点睛的作用。

▶ 吊扇灯带来怀旧复古的感觉

如果选择混搭风格的话，吊扇灯是一个不错的选择，特别是
天热吃饭的时候，其功能性就会体现到极致。一般面积在
6~12平方米的餐厅空间，建议选择直径为42英寸的吊扇灯，
面积在10~15平方米的餐厅建议选择直径为48英寸的吊扇
灯。需要注意的是，层高太低的房间最好不要安装吊扇灯，
否则容易给人带来压迫感。

床头上方的柜体不宜做得太宽

小片的奶咖色涂料做底色起到了透气的作用，使蓝灰色储物柜不会显得那么沉闷，原木色的睡床进行自然的过渡，整个卧室看起来统一协调。但需要注意的是床头上方的柜体不宜做得太宽，否则人躺着休息时会有压抑感，兼做床头柜的吊柜边角也应做成圆角，避免磕碰的隐患。

▶ 儿童房采用大面卡通图案的墙绘

儿童房向来是家中最富于变化和展现想象力的房间。设计师采用大面卡通图案的墙绘增加了这个空间的活泼感和趣味性，仿佛让人置身于童话世界。这里应注意的是墙绘的构图很重要，不能让墙面失去平衡，这点需要专业设计师的把握。

幸福园丁

:: 建筑面积 / 200平方米
:: 装修主材 / 仿古砖、毛石、马赛克、铁艺、墙纸、彩色乳胶漆

🏠 案例说明

一层平面图

二层平面图

乡村田园风格是人们对美好生活的一种向往，厌倦了都市的车水马龙，只要能卸下一天的疲倦，让身心全部放松，就是设计的最高境界。设计师把平面格局布置得自然舒适，在满足实用功能的基础上，使田园气息与现代符号完美结合，营造出一种平和雅致的居住氛围。其中屋顶大花园是本案的设计亮点，一半种菜，一半种花，实现了女主人的园丁梦想。

🏠 设计细节

▶ 弧形的客厅造型

客厅造型错落有致，两个内弧和外弧的造型呼应结合，打破了直线造型的呆板，深色毛石堆砌的造型压住了整个空间的浅黄色，灰色拼花马赛克又起到了很好的过渡作用。马赛克地台来代替电视柜，不仅显得自然随意，也富有个性。而且对于壁挂电视来说，这种简洁美观又容易清理的地台，比电视柜更有特色，也更加实用。

▶ 铁艺挂件带有浓郁的乡村气息

鹅黄色墙面上的铁艺构花件带有浓郁的乡村气息,底端的搁板也能摆放一些体积较小的饰品。这里需要注意的是,铁艺挂件的价格主要根据制作的难度以及图案的繁简性而定,业主可让设计师画出具体的效果图,然后让铁艺店根据图纸定制。

🏠 **设计细节**

▶

绿色背景墙给卧室带来大自然的气息

绿色的卧室背景墙让人搭配做旧的实木家具，让人远离城市的浮华气氛，留给卧室的是自然清新，质朴中透着青草香气的素雅。这里需要注意的是深色乳胶漆施工时尽量不要掺水，否则容易出现色差。

跨界

设计师/田艾灵

:: 建筑面积 / 130平方米
:: 装修主材 / 马赛克、彩绘玻璃、仿古砖、彩色乳胶漆
:: 设计公司 / 重庆十二分装饰设计

案例说明

本案以自然、舒适、放松的生活理念为出发点，充分体现出混搭独特的魅力。设计师基本保留了原空间结构，在此基础上尽量扩大了整体空间感。厨房、书房都打造成了开放式；主卧利用走道空间做了衣帽间，增加了储物功能。改造后的空间各区域结合统一，动静区划分良好。

平面图

▶ **木作的雕花挂板丰富墙面的立体感**

整个客厅造型简洁，比例合理，电视柜造型与台阶衔接起来，整体和谐统一；木作的雕花挂板打破了墙面的单调性。建议可以考虑适当增加LED射灯或壁灯等辅助光源，更能增加客厅的温馨氛围。

▶ **弧形靠背的餐椅带来动态美**

餐厅吊顶造型显得清新自然，餐椅的弧形靠背构思巧妙，让整个就餐空间有了动态感，假窗配上彩色艺术玻璃给整个餐厅带来些许异域的味道。需要注意的是，一般餐椅的高度在45厘米左右较为舒适，购买的时候最好先试坐一下。

原木物语

:: 建筑面积 / 136平方米
:: 装修主材 / 仿古砖、墙纸、石膏线条
:: 设计公司 / 苏州石木空间设计

设计师/王进

案例说明

平面图

　　设计就像导演一出戏，为设想中的业主提供一个舞台，让观者想成为其中的主角，去实现其成为主角的梦。本案业主为一对年轻夫妇，男主人从事IT行业，是典型的知识分子；女主人思想活跃，品位高雅。设计师运用白色和深木色的整体色调，表达了温馨典雅的气质。在设计定位上，汲取了英伦乡村风格中的一些经典元素，既不过分张扬，又恰到好处地把清新自然的气息渗透到每个角落。

▶ 客厅勾勒出一幅英伦风画面

客厅经过精心布置。与电视背景相对的一面墙设计了圆拱形展示柜呼应整体风格，同时丰富了过于平淡的墙面。采用乳白色、实木色为主调的客厅显得活泼生动，更通过突出饰品自身的魅力展示出主人的品位。地面用仿古地砖渲染大背景，以布木结合的沙发、欧式的茶几、个性化的台灯等勾勒出一幅悠然自得的英伦风画面。

▶ 原餐厅改造成开放式书房

由于原有的客厅和餐厅的空间重合在一起，设计师对格局做了些调整。把原来的餐厅区改成开放书房，这样下面可以储物（相当于三个柜子的储物空间），上面可以休息睡觉，打开其中一个储物柜的门，还可以作为写字台玩电脑。巧妙的设计让此处同时兼具储物、卧室、书房三个功能。

▶ 冷暖色系相呼应

墙纸的颜色雅致，冷色系中暖色的暗花又与窗帘相呼应。白色的家具也很好地与之搭配，更显清爽。但要注意床沿高度以45厘米为宜，或以使用者膝部做衡量标准，等高或略高1~2厘米都会有益于健康，过高或过低只会给上下床带来不便。

▶ 彩岩砖铺贴洗手台

洗手台采用有七个颜色的彩岩砖铺贴，主色调分为冷暖两个。整体拼花要注意比例，如果暖色调多些，会显得活泼生动；如果冷色调多些，会显得沉静内敛。龙头是网上淘来的，这类仿古龙头要注意质地，不然很容易生锈。

木韵

:: 建筑面积 / 200平方米
:: 装修主材 / 仿古砖、仿古地板、仿古砖马赛克、墙纸、杉木板
:: 设计公司 / 重庆十二分装饰

案例说明

一层平面图

二层平面图

设计师保留了原户型的空间，在完成设计主题的同时，尽可能地体现原建筑的空间性和美感。挑高的客厅呈现出古典的美式乡村风格，充满着自然、悠闲、温馨、传统的韵味。利用暖黄色作为客厅墙面的主色调，彰显出保守而又慵懒的感觉。餐厅里拙朴的实木家具搭配复古的铁艺吊灯成为空间的主角，古朴典雅的仿古砖铺贴出自然的原生态气息。卧室做旧的实木床流露出美式乡村风格朴实大方的气质，纱幔的加入缓和了这份厚重感。阳光房大面积铺贴杉木板，以木质本身的色彩作为中心基调，与楼梯转角处的墙面互相呼应，体现出业主崇尚自然的情怀。

设计细节

▶ **两扇挑高小窗带来更宽敞明亮的感觉**

在主题墙上开两扇挑高小窗，迎来更多的阳光，引室外露台绿意进屋，且竖向结构的窗户又拉伸了空间的视觉高度，更给人宽敞明亮的感觉。电视背景贴饰的仿古岩板颜色丰富稳重，与上方的挂画颜色呼应协调。中间的褐色仿古岩板横向铺贴，既起到竖向空间的分割作用，又在材质使用上达到协调统一。

▶ **楼梯里面采用石材马赛克铺贴**

杉木板装饰的背景墙与实木的踏步、扶手以及铁艺栏杆搭配相得益彰，踏步立面用石材马赛克拼贴，起到了颜色与材质上的过渡作用。这里需要注意的是，马赛克铺贴的时候不要完全和楼梯面结合，中间留一点空隙，然后使用白色或者黑色的中性玻璃胶进行填补，这样外观看起来更美观，而且方便清理。

▶

实木台盆柜带来自然古朴的视觉感受

实木雕花的台盆柜门给人返璞归真的感觉。要注意一般台盆柜的高度在80厘米左右。如果遇到碰到水管以及三角阀之类的问题，可以适当提高或降低几厘米。但装得太高或太低使用会不方便。选购时一定要考虑其收纳空间的大小，浴室杂物较多，收纳空间足够大有利于整个浴室的整洁。

混搭浪漫之家

:: 建筑面积 / 180平方米
:: 装修主材 / 硅藻泥、墙纸、木饰面板、木纹砖、仿古砖
:: 设计公司 / 苏州一野室内设计

一层平面图

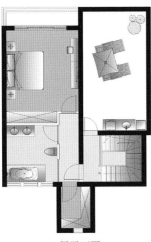

二层平面图

设计师在区域划分上没有做太大的改动，只是在门厅、内卫、阳台和楼梯的位置上，很巧妙地利用墙体、功能性以及错层共用性，把空间利用到最大化。门厅改成单墙体，制作了实用性很强的鞋柜；阳台以榻榻米的形式呈现，既能增加储藏空间，又能扩大客厅的视觉感和美观性；内卫改成书房，解决了传统观念上的入门即见卫生间的忌讳，而且每一层楼都安排一个卫生间，完全可以满足使用上的要求。

▶ 硅藻泥电视背景墙注重自然环保

客厅及餐厅整个大色调比较统一，沙发背景墙使用多色仿古外墙砖贴面，丰富了层次感，简洁的硅藻泥电视背景墙又弱化了色彩上的繁杂，同时涂抹出一些乡村味道。这里需要注意的是，电视背景墙上的射灯不宜离墙面过近，否则打出的光影效果会不理想，建议与墙距离25厘米以上。

暖色灯光营造进餐的情调

深色假梁与奶咖色肌理墙面显得十分协调。吊灯的样式与餐厅搭配融洽，灯罩上的图案给空间带来一些生气。这里需要注意的是，为了营造进餐的氛围，餐厅应尽量选择暖色调和可以调节亮度的光源，而不要为了省电，一味选择如日光灯般泛着冰冷白光的节能灯。

传统和闲意中游走

:: 建筑面积 / 151平方米
:: 装修主材 / 仿古砖、墙纸、彩色乳胶漆
:: 设计公司 / 重庆十二分装饰设计

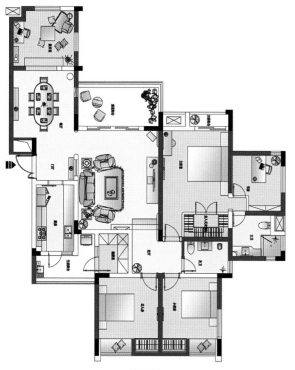

平面图

本案整体是暖黄系列的美式风格，让灿烂的阳光充满了这个家。客厅大部分采用实木家具和布艺家具，提高了室内的环保指标。弧形门洞、假壁炉的制作和家具相呼应，形成整体协调的空间效果。餐厅给人质朴自然的感觉，典型的美式餐桌在杉木板吊顶和铁艺吊灯的装饰下，迎合了乡村风情。在卧室空间中，原木色泽的四柱床是视觉中心，实木材质的运用，使得它具备了厚重的质感和亲近自然的温和味道。

▶ **石膏板制作的装饰壁炉**

类似这种假壁炉一般是采用石膏板现场制作，木龙骨做基架，石膏板封面；壁炉底部采用红砖堆砌，给整个空间增加一份稚拙、自然的气息。要注意做完基础后，表面要刷清漆，便于以后的打理。

▶ **多种乡村风格的元素打造美式客厅**

地面的地砖斜拼铺设、石膏板假壁炉的制作、电视背景墙上石膏板的弧形造型，都是乡村风格里的经典元素，是既简单而又朴实的做法。这里需要注意的是，施工前应先选择好实木电视柜，保证宽度小于墙纸铺贴的电视背景墙。

梦醒地中海

:: 建筑面积 / 120平方米
:: 装修主材 / 仿古砖、木墙裙、彩色乳胶漆、仿古地板
:: 设计公司 / 苏州一野室内设计

设计师/杨航

案例说明

平面图

对于久居都市，习惯了喧嚣的现代都市人而言，地中海风格给人们以返璞归真的感受，同时体现了对于更高生活质量的要求。本案将海洋元素应用到了家居设计中，给人自然浪漫的感觉。设计师没有在平面格局上做太大的改动，而是在顶面的设计过程中参与了空间层次的划分，通过弧形吊顶、立面拱形造型等设计，在区分空间的同时又构成了地中海风格的典型元素。

▶ 丰富的饰品营造精致的餐厅背景

客厅及餐厅造型层次丰富，用材多样，很好地体现了地中海风格，上部的土黄色墙面给人一种大地般的浩瀚感觉，下部的浅蓝色木墙裙带来海洋一般的清新气息。这里需要注意造型之间的呼应性与连接性。

蓝白色马赛克令清凉感油然而生

卫生间对马赛克的运用非常到位，一条细长的腰线把台盆柜和淋浴房矮墙上的马赛克很好地连接在一起，台盆柜的门板与墙面斜贴的小方砖相呼应，镂空设计起到了很好的透气散湿的作用。

东方普罗旺斯

设计师/段文娟

:: 建筑面积 / 240平方米
:: 装修主材 / 木饰面板、墙纸、仿古砖
:: 设计公司 / 深圳伊派设计

案例说明

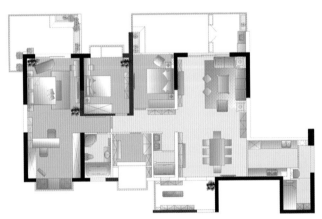

平面图

　　本案在原始结构的基础上进行了一些简单的改变，让原本并不合理的地方变得更加人性化和合理化。原先进门可以直接看到餐厅的部分空间。但在改造之后将墙体延伸，回避了餐厅外露的问题。设计师把门洞作为空间的划分，代替传统的隔断，这样使空间更开阔。客厅家具在色彩上保持了和谐统一，不至于显得突兀。地毯铺贴的方格造型，凸显出该区域的功能性。过道进行了加宽处理，同时进行了一些装饰，让此处变得更加大气自然，而不至于像原先那样显得拥挤。主卧主要想表达出大气和庄重的感觉。在内部配置了一处书房学习空间，两边还有超大门柜，极大地提供了方便，也合理地利用了空间。

▶ 深色木饰面板与浅咖色墙纸搭配显得稳重大方

整个空间简洁大气，深色木饰面板贴饰的壁炉造型与浅色墙纸对比强烈，真皮拼花地毯起到了很好的中间过渡的作用。简洁的石膏线条吊顶走边自然地连接了客厅及餐厅，也让空间更具视觉冲击力。

▶ 条纹墙纸让儿童房富有韵律感

条纹墙纸让空间显得有韵律感，白绿色相间凸显活泼与童趣。拱形门洞与榻榻米组成的儿童房让人更有安全感与趣味性。因为窗台较高，所以做了个台阶，这样也能方便上下。这里需要注意应把踏步边角做弧形处理，防止磕碰的发生。

卫生间干湿分区合理

公共卫生间改变了原先的一体化格局，将干区和洗浴区进行了区分。为营造厚实的实木感觉，洗浴区吊顶使用了木纹扣板。干区的台盆上方打造了一面镜框镶嵌进墙体的镜子，这样既没有占用空间资源，又让空间显得更加开阔。

现代美式风

:: 建筑面积 / 101平方米
:: 装修主材 / 墙纸、罗马柱、实木地板、进口仿古砖

设计师/于园

案例说明

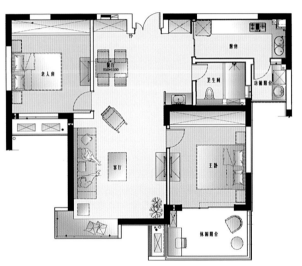

平面图

本案的户型结构基本上没有改动，开放的空间里以暖色调为主。复古图案的米色墙纸和仿古白色木饰面墙裙对应拱形门廊与深色复古浮雕面地板装点的电视墙，小型罗马柱隔断突出亮点。餐厅局部背景运用了仿古小砖对角贴法，与厨房遥相呼应。餐厅古铜色的稻穗造型灯下，同色调的墙纸和木饰面板相互融合，仿古木质餐桌上紫色的薰衣草花朵灿烂开放，浅色竖纹桌旗沿着桌面垂下来，营造出一家人其乐融融的用餐环境。

色彩合理过渡，给人温馨雅致的居家感受

营造一个完美空间，首先要解决好色系上的搭配。灯芯草地毯作为复古图案的墙纸到深色地板铺贴的电视背景之间的过渡；银灰色窗帘作为白色顶面与土黄色仿古地砖的过渡，都显得十分自然。整个色系既对立又统一，给人温馨雅致的居家享受。

▶ 铁艺床给卧室带来一份清凉感

蓝色墙纸与白色系百叶窗和床品搭配合理，对比强烈。蓝色系与白色系搭配显雅致、清新。卧室照明采用小射灯的辅助光源与三头吊灯的主光源的组合，使其在日常使用中更方便合理。这里需要注意铁艺床的色彩范围比较小，一般就是黑色、古铜色和亮色三种，业主可以根据自己的喜好挑选与卧室色彩协调的铁艺床。

融入心灵

:: 建筑面积 / 93平方米
:: 装修主材 / 仿古砖、墙纸、软包、马赛克、银镜
:: 设计公司 / 上海卓帧设计

案例说明

　　本案是一个温馨、舒适、灵动与韵味的小家，能给人一种愉悦和完全放松的心情。设计师在尊重原建筑结构的同时，尽可能地实现了各个空间的连通性，把阳台纳入到客厅中，卫生间的干区纳入到公共空间。银镜的大量使用也在一定程度上扩大了空间的延伸感。大量亮色系的使用创造出一个明亮、活泼的居住空间。

▶ 客厅阳台改造成榻榻米

设计师把阳台纳入到了客厅空间，在不影响使用的情况下做了榻榻米，这样既达到扩展空间的目的，又实现了休息与储藏的双重功能，一举多得。这里需要注意的是，榻榻米表面应使用一块整板，最好不用拼接的板子，这样就不会有高低不平的情况，也没有裂纹，看上去更美观。

▶ 衣柜移门与床头背景的色彩保持一致

衣柜移门与床头背景的色彩统一协调，吊灯与壁灯散发出的柔和暖光使得整个卧房空间充满温馨和优雅的气息。这里需要注意卧室壁灯安装高度一般距离地面1200～1800毫米为最佳，而壁灯挑出墙壁的距离一般在95～400毫米为宜。

卫生间运用多种光源营造温馨气氛

横向做到底的镜柜，既解决了原结构视觉上的缺陷，又创造了足够的储藏空间，同时在视觉上又起到了延伸空间的作用，物尽其用。在这个小空间里，灯管、镜下小射灯、顶面射灯、豆胆灯等多种光源带来温馨、安全的的独特感受。

设计师/陆宏

秋日的气息

:: 建筑面积 / 220平方米
:: 装修主材 / 墙纸、马赛克、文化石、彩色乳胶漆
:: 设计公司 / 杭州麦丰装饰设计

案例说明

一层平面图

二层平面图

原户型一楼的结构有很大的弊端，南北不通，区域划分太凌乱。于是设计师对此做了较大改动，尽可能地把更多的可利用空间融合起来。厨房做成了开放式，保留了客厅与餐厅之间良好的通透性。设计师放弃了一楼内卫的功能，在增加储物间的同时也扩大了次卧的面积，这也是一个明智的决定。在楼下一个卫生间已经完全满足使用功能的前提下，应尽可能多地扩大储藏空间，以改善室内储物空间局促的弊病。

设计细节

▶ 电视矮墙保留客厅及餐厅之间良好的通透性

半高的电视矮墙保留了客厅及餐厅之间良好的通透性，马赛克、木饰面板、文化石与彩色乳胶漆等多种材质丰富了客厅的装饰内容。地中海风格的家居中，非常流行用马赛克来装饰地台。在墙角边搭建一圈地台，使用不同色彩的马赛克进行装饰，效果很出彩，平时还能放置一些装饰品在地台上，较为实用。

明黄色顶面与深色假梁显得活泼又不失稳重

顶面明黄色涂料与深色假梁相搭配，活泼又不失稳重。值得一提的是，设计师并没有选择单纯的蓝色餐椅，而是搭配了两把白色餐椅作为过渡，给整个空间增加了一些变形性。这也是选择家具或软装时需要借鉴的，可跳出墨守成规，多一些精彩。

畅想与自然的完美拥抱

:: 建筑面积 / 160平方米
:: 装修主材 / 墙纸、仿古砖、实木地板
:: 设计公司 / 上海申远设计

案例说明

　　浪漫、自然、清新、纯净，这些都可以成为居家饰家的元素。客厅一眼望去，浑圆的造型无处不在，尤其是在软装饰物上格外凸显，将地中海的清新、浪漫诠释得淋漓尽致。餐厅纯美的白色配以土黄色的布艺，制造出希腊式的甜美梦幻。窗外的阳光洒在土色的西欧式地板上，增添了几分复古情怀。圆形吊顶搭配盒形顶灯，犹如花瓣一样绽放。女儿房的内饰主要以粉色为主，宽敞舒适的大床配上丝滑的睡帘，让人倍感温馨。淡粉色的窗帘显得精巧雅致，别具一格。墙面上的线条绘图，在吸引眼球的同时给人带来了不一般的想象力。

设计细节

壁龛设计注意墙身结构的安全问题

壁龛造型不占用建筑面积，使墙面具有很好的形态表现，同时又具有一定的展示功能。结合灯光照明可以使壁龛造型更加突出，从而达到成为视觉焦点的目的。但壁龛的设计特别要注意墙身结构的安全问题。

▶

黄色调的卫生间充满朝气和自然的生命力

黄色在卫浴间的蔓延毫无保留地显现出地中海风情，充满朝气与自然的生命力。洗手台上的大块镜面非常实用；印有卡通图案的浴帘，既能保障干湿分离，又显得柔和与温暖，让人充分享受到放松的愉悦；一旁的喷淋装置又增加了卫浴间的功能性。

设计师/赵鹏

海天一色

:: 建筑面积 / 89平方米
:: 装修主材 / 仿古砖、进口墙纸、饰面板护墙、马赛克
:: 设计公司 / 杭州麦丰装饰设计

地中海风格与美式风格都属于非常有特色的装修风格。当地中海遇到美式时，会碰撞出怎样神奇的火花呢？本案的设计师考虑到地中海风格的蓝白色彩搭配可能不耐看，所以决定打造出地中海与美式的混搭风。这套公寓的实际使用面积仅70平方米，所以需要重点考虑如何做出更多的储藏空间。设计师很好地处理了这个问题，利用过道墙体做了双面柜，把次卧室改造成了榻榻米加储藏柜的多功能空间，餐厅现场制作的卡座，在节省空间的同时，也能收纳一些日常的居家杂物。

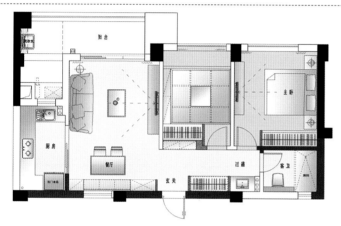

平面图

117 清新自然风
名家设计新风尚

 设计细节

▶ 餐厅卡座兼具鞋柜的功能

设计师把蓝黄色贯穿整个室内，强烈的对比色雅致活泼，中性色且很有质感的墙纸很好地起到了过渡的作用。现场制作的卡座造型也结合了玄关鞋柜的功能。建议在挑空的矮柜下方安装灯带，这样效果会显得更加灵动。

马赛克拼贴方式突破常规

台盆柜上方的马赛克拼贴形式不拘于常规，随意且自然灵动，避免了传统满贴的呆板。但美观要在实用的前提下去实现，在使用时要注意洗漱时的水会不会溅到两边的乳胶漆墙面上，否则容易使墙面受潮，时间长了会起皮脱落。

水木年华

设计师/朱娟娟

:: 建筑面积 / 200平方米
:: 装修主材 / 仿古砖、木饰面板、彩色乳胶漆、马赛克、杉木板
:: 设计公司 / 上海鸿鹄设计

案例说明

一层平面图

二层平面图

本案的原始结构上没有封闭式的空间，这样更给予设计师发挥的空间。一楼用隔墙划分出完整的两个卧室，增加了储藏功能。为了防止入门过道过于狭窄，缩进卫生间的位置，让出过道和鞋帽柜的空间，在实用的基础上又可以满足卫生间的基本功能，一举两得。二楼采用弧形墙体的设计方式，增加了空间的利用率。

设计细节

客厅的整体颜色搭配和谐

整个客厅颜色搭配和谐、合理。从吊顶、墙面、家具到地面，层次分明。假梁的设计给空间一种厚重感，而马赛克踢脚线又在对称的位置增添了空间的活泼性，这里需要注意的是，应把握好顶面造型、灯具与家具位置的精确呼应。

▶ **马赛克铺贴门洞成为过道的亮点**

奶咖色的墙面涂料与实木家具搭配完美，弧形窗帘盒增强了整个空间的设计感；黑白灰色系的马赛克贯穿整个户型设计，起到了很好的点缀作用，这里需要注意的是门洞内马赛克的收口及转角处马赛克踢脚线的拼贴。

▶

过道细节的设计精致到位

此处设计简洁却精致到位，石膏板制作的异形造型与弧形窗帘盒相呼应，整体对称的设计显得稳重大方，角几上摆放的瓷瓶与插花又自然地打破完全对称造型带来的呆板，摇曳生姿。

▶ 设计师/郑鸿

安逸雅居

:: 建筑面积 / 260平方米
:: 装修主材 / 墙纸、黑镜、软包、彩色乳胶漆

案例说明

房子整体上趋于一种中性风格，适合不同年龄层的人居住。设计师为满足业主生活的需要，在客厅与卧室之间设计了一个小家庭厅，钢琴、书桌、休闲椅一应俱全。除了客厅之外，这个小区域就成了一家人沟通和交流的场所。客房外与主卧室内部进行了部分结构改造，以增加储藏的需要。主卧室以套间的形式出现，设计师特意为主人增加了一个书房，这样家人的学习和生活都互不干扰。

平面图

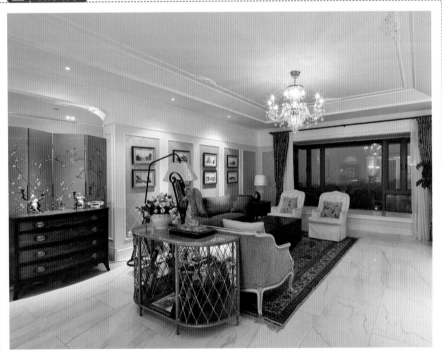

▶ 多幅装饰画点缀客厅的沙发背景

沙发背后设计成一个以装饰画为主的背景墙，用几个墙面造型勾勒出背景图案。要注意的是，沙发边一般是有插座的，施工时需计算出插座的具体位置，避免安装时插座卡在勾勒的线条之间，影响使用。踢脚线与墙面造型须紧密结合，建议可现场制作踢脚线，否则成品踢脚线安装后有可能与墙面造型之间出现缝隙。

▶ 圆形餐桌与圆形顶面做呼应

为了烘托就餐的气氛，采用圆形餐桌与顶面相呼应。圆形吊顶作为异形吊顶，施工比较复杂，建议先在现场顶面放样，确定位置和做法后再施工。如果有玻璃加入顶面造型，须对顶面龙骨进行加固，以免后期发生危险。

设计细节

点光源和线光源的照明形式

女儿房、男孩房与客房都没有使用主灯，而是用点光源和线光源的形式作为房间的照明。设计时应注意，尽量避免躺在床上时灯光的直射。如想设计女儿房窗边内有打灯光的效果，施工时则需与墙边留出足够的空间与距离，否则刷乳胶漆时很难施工到位。